EXPÉRIENCES

COMPARATIVES

FAITES A BREST ET A LORIENT

EN 1840,

SUR LES PITONS A FOURCHES

ET LES CRAMPES AVEC MANILLES.

PARIS,

J. CORRÉARD, ÉDITEUR D'OUVRAGES MILITAIRES,
RUE DE TOURNON, N. 20.

ANSELIN ET G.-LAGUIONIE,
RUE DAUPHINE, 36.

MICHELSEN, LIBRAIRE,
A LEIPZIG.

1841.

EXPÉRIENCES

SUR

LES PITONS A FOURCHES

ET LES CRAMPES AVEC MANILLES.

SAINT-CLOUD. — IMPRIMERIE DE BELIN-MANDAR.

EXPÉRIENCES

COMPARATIVES

FAITES A BREST ET A LORIENT

EN 1840,

SUR LES PITONS A FOURCHES

ET LES CRAMPES AVEC MANILLES.

PARIS,
J. CORRÉARD, ÉDITEUR D'OUVRAGES MILITAIRES,
RUE DE TOURNON, 20.
1841.

EXPÉRIENCES

FAITES A LORIENT.

En conformité de la dépêche ministérielle en date du 1er août 1840, la commission nommée par M. le contre-amiral Ducrest de Villeneuve, préfet du 3e arrondissement, pour faire à bord de l'*Artémise* les épreuves comparatives entre le système d'affût à frein pour caronade, proposé par M. Dupouy, et le système actuellement en usage, s'est réunie le 7 août sur la convocation de M. le capitaine de vaisseau Cosmao, président.

Cette commission, assemblée à bord de la frégate l'*Artémise*, a pris connaissance de la dépêche ci-dessus mentionnée, ainsi que de celle du 22 avril 1840, toutes deux relatives aux essais de M. Dupouy; et, aucun programme n'ayant été imposé, elle s'est immédiatement occupée d'établir les bases principales de ces épreuves, en se réservant toutefois la faculté d'y apporter les changements que les circonstances feraient juger convenables.

Après cette opération, elle a procédé à l'examen attentif et détaillé des deux affûts destinés à subir les expériences, ainsi que de tout ce qui pouvait influer sur leur solidité et sur les résultats qui ont motivé l'opinion des membres de la commission.

Il a été reconnu : 1° que la semelle du nouvel affût, qui est découpée dans une longueur de $0^m,50$ environ par le passage de quatre boulons de crapaudine, des trois boulons d'assemblage des plaques de côté (nommées flasques par M. Dupouy) et des rivets de ces plaques, doit offrir moins de solidité que la semelle de l'ancien affût;

2° Que l'affût de M. Dupouy pèse 100 kilogrammes de plus que l'ancien;

3° Que l'affût placé au sabord occupe une plus grande longueur de $0^m,20$, la crémaillère non comprise, qui, étant tirée, court de $0^m,41$ de plus que l'ancien affût sur le pont;

4° Que la hauteur de l'affût est de $0^m,05$ de plus que celle de l'ancien;

5° Que les deux affûts, ayant le même arrondissement sur le devant de la semelle du châssis, se trouvent absolument dans le même cas sous le rapport du pointage latéral;

6° Que l'affût de M. Dupouy est plus facile à diriger pour le pointage : et la commission attribue cette supériorité à la construction de cet affût, qui permet de porter tout le système à droite ou à gauche, et à l'emploi de l'anspect pour cette opération;

7° Que les deux pièces étaient du même poids, de la même fonderie, toutes deux faibles de 6 points;

8° Enfin, que les deux caronades ont été installées sur des crampes verticales neuves, semblables à celles qui se trouvaient déjà à bord de l'*Artémise*, et avec des bragues neuves confectionnées avec du cordage pris dans la même pièce.

Les boulets étaient neufs et calibrés, et l'apprêté a été fait avec un mélange de poudres présumées nécessaires aux épreuves.

M. le lieutenant de vaisseau Dupouy, appelé au sein de la

commission, ayant déclaré n'avoir aucune observation à faire sur la construction et l'installation de son affût, qu'il reconnaît en tout conforme à ses plans et indications, les essais comparatifs ont été faits ainsi qu'il suit :

Des bragues du calibre de 18 ont été placées aux deux caronades. La commission a pensé qu'en se servant de bragues plus faibles que celles du calibre des pièces, ces bragues, en rompant après un certain nombre de coups tirés, donneraient déjà une preuve que le frein, par son frottement considérable sur les côtés du châssis, diminue sensiblement l'effet du recul sur les bragues.

La brague de l'affût Dupouy laissait à la semelle $0^m,25$ de recul.

Celle de l'ancien affût était raide.

Le tir a commencé à la charge réglementaire ($1^k,600$) à un boulet et en belle.

Au 2ᵉ coup, la brague de l'ancien affût a cassé dans l'épissure.

La brague de l'affût proposé a supporté l'effort de dix coups sans aucune altération.

Aux bragues de 18 ont été substituées des bragues de 24, sur lesquelles on a répété l'épreuve précédente. Les bragues étaient neuves et de la même pièce de cordage.

Les deux pièces étaient, comme pour les bragues, de 18 sous le rapport du recul.

Au 3ᵉ coup la brague raide a été cassée.

Après 5 coups tirés avec la caronade montée sur l'affût Dupouy la brague était intacte.

Ayant remarqué que la pièce était difficilement remise au sabord avec le levier et la crémaillère, et l'avis de la commission étant qu'il serait le plus ordinairement utile de pouvoir tirer sans être astreint à cette opération qui nuit à la promptitude du tir, elle a décidé que dans la suite des épreuves on chargera en laissant la pièce dans la position où elle se trouve après chaque coup. Elle a remarqué d'ailleurs que la semelle ne restait en dedans que $0^m,05$ environ, ce qu'on a attribué à l'allongement de la brague qui portait le recul jusqu'à 30 centimètres après les 5 premiers coups.

Une autre série de 5 coups ayant été tirée avec la même brague de 24, cette brague a été retirée sans aucune détérioration.

Les deux pièces ont alors été garnies de bragues de 30, confectionnées comme les bragues de 18 et 24 déjà éprouvées.

Une série de cinq coups en belle a été tirée avec chaque caronade, sans que les bragues aient menacé; seulement elles ont allongé toutes deux de $0^m,08$ à peu près.

Une seconde série de cinq coups, sous l'angle latéral de 22°, a été supportée également par les deux bragues; leur allongement a augmenté environ d'un centimètre pendant cette série.

La commission voulant dès ce moment apprécier lequel des deux affûts permettait le tir le plus prompt, une série de douze coups a été successivement tirée avec chaque pièce, en employant les mêmes servants et en faisant pointer à chaque coup sur un blanc qui avait été placé à cet effet, à environ 8 à 900 mètres de la frégate, de manière à nécessiter un angle de pointage latéral d'à peu près 12° : on a surveillé l'exécution de la condition d'un pointage aussi exact que possible, et les projectiles ont généralement porté près du but qui a même été abattu.

Les bragues n'ont point eu d'avaries; celle de l'affût à brague fixe a allongé de 4 centimètres, celle de l'affût Dupouy d'un centimètre, ce qui prouve encore que le frein a dû diminuer l'effort supporté par la brague, puisqu'il y a eu 3 centimètres de différence dans l'allongement.

L'avantage de temps a été pour l'affût Dupouy avec lequel on a employé 14' 21", tandis qu'on a mis 18' 30" avec l'autre affût. Différence 4' 9".

Une seconde série de 12 coups, destinée à servir de contre-épreuve, a été tirée avec les deux affûts, après avoir changé l'équipage des pièces ; cette opération a donné les résultats suivants :

Affût à brague fixe.	23' 28"
Affût Dupouy.	16' 16"
Différence.	7' 12"

Les bragues n'étant pas endommagées, la commission a passé au tir à deux projectiles, en conservant les mêmes conditions de pointage, sauf que l'on a employé des anspects pour donner la direction à l'affût ancien modèle, et que l'on n'a fait usage du levier que pour amener la semelle à couvrir le châssis.

Au 3e coup la brague fixe a été rompue à l'épissure et à la partie portant sur la culasse. Une autre brague neuve, mise en remplacement et ayant les $0^{m},06$ de recul prescrits par la dépêche du 1er août, a également cédé au 7e coup.

Douze coups ont été tirés avec l'affût Dupouy, et la brague ayant été examinée a été reconnue en bon état. Cette brague, remise en place, a résisté, sans être attaquée autrement que par le frottement sur les angles de l'anneau de brague, à une nouvelle série de douze coups à deux projectiles.

Les dix coups tirés avec l'ancien affût ont employé 15' 35", ce qui donne une moyenne de 1' 33".

Les douze coups ont été tirés avec l'affût Dupouy en 16' 45", temps moyen 1' 23".

La commission désirant reconnaître si, après un tir aussi suivi, la caronade pourrait encore servir dans le cas où le frein viendrait à manquer, cette partie de l'affût a été enlevée, et cinq coups à un projectile ont été tirés sans qu'aucune altération de la brague ait été remarquée.

Enfin, pour apprécier la résistance produite par le frottement du frein, la brague a été ôtée, et deux coups à poudre ayant été tirés en faisant agir le frein, la semelle a reculé au 1er coup de 3 centimètres.

Au 2e coup, de neuf centimètres.

Au reste, on s'était aperçu qu'à chaque coup d'avertissement qui précédait la reprise du tir, la semelle reculait fort peu, et la commission a terminé ses épreuves par ces deux coups à poudre, pour être bien fixée à établir son opinion sur des bases certaines.

En résumant les faits précédemment énoncés, on voit :

1° Qu'avec les bragues des calibres de 18 à 24, l'affût Dupouy a pu tirer dix coups sans que l'examen de sa brague ait pu faire supposer une rupture prochaine, tandis que l'affût à brague fixe a été dégarni aux 2e et 3e coups ;

2° Que l'affût proposé a supporté avec une brague de 30 l'effort de trente-neuf coups à un boulet et de vingt-quatre coups à deux boulets, sans avoir éprouvé de détérioration, et que les bragues de l'affût ancien ont été cassées, l'une après trente-quatre coups à un boulet et trois coups à deux boulets, et l'autre après le 7e coup à deux projectiles ;

3° Que le tir a été plus prompt avec le nouveau système qu'avec l'ancien, malgré l'emploi d'anspects pour le pointage de ce dernier, ce que la commission a remarqué provenir de la nécessité de ramener la semelle à coïncider avec le châssis, au moyen du levier, opération qui est assez longue et difficile.

On doit encore ajouter que la différence de poids et de hauteur des deux affûts, non plus que sa plus grande saillie, sauf celle de la crémaillère, n'ont point paru offrir d'importance.

Quant à l'ébranlement causé par l'explosion, il a été bien moins considérable avec le nouvel affût qu'avec l'ancien; la tranche de la bouche de la caronade se trouvant par suite du recul au-dessus du feuillet du sabord, cette partie du navire a été très-endommagée par la pièce montée sur l'affût Dupouy. Les ferrements d'attache au bord n'ont souffert ni avec l'un ni avec l'autre système; seulement, pour l'affût ordinaire les crampes ont été appelées dans la direction de la brague.

La commission, d'après les faits et les remarques qu'elle a ci-dessus rapportés, est donc d'avis à l'unanimité :

Que le système d'après lequel a été construit l'affût de M. le lieutenant de vaisseau Dupouy, c'est-à-dire un frein indépendant de la semelle, et qui, ainsi appliqué, donne à la caronade un obstacle à vaincre avant qu'elle puisse agir sur la brague, ce qui diminue considérablement l'effort supporté par celle-ci, tout en permettant à la pièce de rentrer au sabord en cédant à la réaction de la brague, est un moyen efficace d'obtenir des caronades un service sûr et prolongé, sans qu'il soit nécessaire, pour les manœuvrer, d'employer un plus grand nombre d'hommes que pour celles à brague fixe, avantage incontestable auquel vient se joindre la célérité du tir.

Mais la commission, après avoir examiné les états de dépense qui lui ont été fournis par la direction d'artillerie, considérant que, déduction faite d'un nombre assez considérable de journées, destinées à compenser les tâtonnements inévitables dans une première construction, le prix de revient du nouvel affût est plus du double de l'ancien, témoigne le désir que quelques modifications soient faites aux pièces ci-après, dont le prix de confection est pour beaucoup dans l'augmentation de celui de l'affût nouveau.

Ainsi elle pense que la crémaillère, dont la grande saillie lui paraît peu utile et qui est en fer forgé, pourrait être remplacée par une pièce semblable, fixe et en fer fondu, ne dépassant le châssis que de 5 centimètres.

Ce changement est d'ailleurs désiré par M. Dupouy.

Les garnitures du frein, qui ont été faites à croisillons, pourraient être construites pleines, ce qui éviterait des encartements difficiles à exécuter et nuisibles à bord, où l'eau est une si puissante cause de destruction.

Les deux plaques de côté (flasques) n'ayant aucun choc à supporter, leur effet se produisant par pression sur le frein, peut-être pourraient-elles être en fer fondu.

Toutefois, ce changement, qui amènerait une grande diminution de prix, demanderait à être essayé.

Si cependant les modifications signalées ne pouvaient être opérées sans nuire à la solidité de l'affût, la commission n'en conclurait pas moins que le nouveau système est incomparablement préférable à l'ancien, et appellerait de tous ses vœux l'adoption de l'affût proposé.

Lorient, le 18 août 1840.

Les membres de la commission,

COSMAO, capitaine de vaisseau, ***président.***
JOLLIVET, capitaine de corvette.
LEGRIX, sous-directeur de génie maritime.
JACOBI, capitaine d'artillerie.
MICHAUX, lieutenant d'artillerie, ***rapporteur.***

EXPÉRIENCES

FAITES A BREST.

La commission formée en exécution de la dépêche du 28 mars 1840 et composée, conformément à l'ordre de M. le vice-amiral préfet maritime, en date du 6 avril, de MM. Remquet, capitaine de vaisseau, président ; Fauveau, ingénieur de 2e classe de la direction des constructions navales ; Fauconnier, capitaine de la direction d'artillerie, s'est réunie le 10 avril à la direction d'artillerie ; après avoir pris connaissance des dépêches des 14 et 28 mars 1840 et du programme joint à cette dernière, elle a arrêté, d'après l'autorisation de M. le préfet maritime, que les expériences auraient lieu sur le ponton *le Noir*, qui serait disposé à l'effet de recevoir deux caronades de 36 installées d'après les indications du programme, pour servir à établir la comparaison des bragues fixées par une des caronades par des pitons à fourche, et pour l'autre, par des crampes avec manilles.

La commission s'est ensuite ajournée jusqu'à ce que toutes les dispositions préparatoires eussent été exécutées.

Séance du 8 mai.

La commission ayant été prévenue que l'installation des deux caronades était terminée, s'est rendue à bord du ponton pour procéder aux épreuves.

Elle s'est préalablement assurée que toutes les dispositions avaient été prises pour remplir les conditions du programme.

Que toute la charpente des sabords avait été refaite à neuf, de manière à ne rien laisser à désirer sous le rapport de la solidité.

Que les deux pièces choisies, signalées comme suit : Nevers 1812, n° 68 pesant 1,241 kil., et n° 80 pesant 1,251 kil., présentaient fort peu de différence dans le diamètre de l'âme et du canal de lumière ; qu'elles avaient été placées sur le même bord, la caronade n° 68 au 1er sabord, sur l'avant, et la caronade n° 80 au sabord voisin ; que la première était fixée à la muraille au moyen de crampes avec manille ayant les dimensions indiquées dans le rapport de la commission de Brest, en date du 20 mars 1840, dimensions qui avaient paru suffisantes d'après les essais faits à la presse hydraulique.

Que la caronade n° 80 était installée d'après les tracés que possèdent les directions des constructions et de l'artillerie, et qui y étaient joints à un rapport, en date du 26 novembre 1833, d'une commission du port de Lorient, au moyen de pitons à fourche fabriqués à la Chaussade, mais en employant les mêmes cosses que pour l'autre installation, parce que celles du plan n'étaient pas soudées, et, par leur peu d'épaisseur du fer à la gorge, n'offraient pas assez de résistance (voir la planche n° 1), et qu'enfin la semelle de l'affût avait été disposée pour recevoir le coin de mire de M. le lieutenant de vaisseau Dupouy.

La commission a vérifié la position des pitons à fourche dont la tige a été reconnue être dans le prolongement des branches de la brague en place, la pièce étant pointée en belle, et la fourche de manière que le boulon qui maintient la cosse eût son axe à peu près vertical, la tête en dessus.

Quant aux crampes, dont l'obliquité latérale n'est point nécessaire à cause de la mobilité des manilles, il a suffi d'en placer les branches dans le même plan que celui de la brague, faisant avec l'horizon un angle de 10°.

La commission s'était préalablement assurée que les gargousses, pour les deux bouches à feu, étaient du poids de 2 kil., et que les boulets, après avoir été calibrés, différaient assez peu de poids pour ne point présenter, dans les coups comparés un excédant de poids de plus de 30 à 40 grammes.

Que les deux bragues de $0^{m}240$ de circonférence avaient été prises dans une même pièce de cordage neuf de 1er brin, l'une roidie et tenue aussi courte que possible; l'autre, celle des pitons à fourche, ayant assez de mou pour donner à la semelle un recul de $0^{m}06$; enfin, que les affûts étaient en très-bon état et que les chevilles ouvrières étaient percées et munies de clavettes.

Toutes ces dispositions étant prises, ainsi que celles indiquées au programme, et qu'il a paru inutile de rappeler ici, la commission a fait placer des repères sur la partie supérieure et sur le côté des pitons, ainsi que sur le dessus et le côté de la branche extérieure des crampes, pour vérifier les mouvements que pourraient éprouver ces pièces, et a fait commencer le tir successif des bouches à feu, en en exprimant ainsi qu'il suit les résultats.

PREMIÈRE SÉRIE D'EXPÉRIENCES.

21 coups, dont 6 à 2 boulets.

	CARONADE N° 68.	CARONADE N° 80.
	Brague en filin de 1er brin, avec cosses, fixée à la muraille par des crampes avec manilles. Coin de mire ordinaire.	Brague en filin de 1er brin, avec cosses, fixée à la muraille par des pitons à fourche. Coin de mire de M. Dupouy.
5 coups à 1 boulet. Pointage en belle.	Le système se maintient bien, la volée de la caronade frappe le feuillet de sabord; le coin de mire, chassé violemment et jusqu'à rompre le fil de caret qui le retenait par la poignée, ne s'interposant plus entre la culasse et la semelle de l'affût; ne soulage plus la vis de pointage qui, supportant tout le poids de la culasse, retombe sur sa plaque et la déforme. Les crampes n'ont éprouvé aucun mouvement appréciable.	La caronade paraît moins se tourmenter. Le coin de mire est déplacé en avant au moment où la culasse est soulevée, et, en supportant tout le poids au moment où elle retombe, préserve s'il en est toujours ainsi, d'une prompte destruction la vis de pointage. Le piton de droite est ressorti de $0^m,001$.

	CARONADE N° 68.	CARONADE N° 80.
5 coups à 1 boulet. Ligne de mire horizontale. 30° en chasse.	On remarque sur la crampe de gauche, au contour extérieur, une fente longitudinale de 0m,05 de longueur, mais dont l'ouverture a moins de 0m,001 au milieu sans profondeur appréciable ; cette fente paraît provenir d'un fer mal corroyé et n'avait point été remarquée, quoique existant certainement. La crampe de droite ressort d'un millimètre ; le bois paraît comme un peu soulevé dans la partie qui touche la branche extérieure. La pièce frappe plus ou moins le feuillet de sabord, et la vis de pointage retombe en supportant le poids de la culasse. Le coin de mire s'échappe toujours avec force.	Le piton de droite ressort de 0m,003, il y a un peu de jour entre la tige et le bois. Le piton de gauche a mieux résisté, le brai seul est détaché auprès du collet. Le coin de mire est tombé une fois près de l'affût, mais ordinairement il glisse un peu en avant.
5 coups à 1 boulet. Ligne de mire horizontale. 30° en retraite.	Tout se passe comme précédemment quant au mouvement violent de la caronade et de son affût, dont les secousses semblent devoir endommager les bordages du pont placés sous les taquets. Le coin est toujours projeté avec force.	Le piton de droite ressort de 0m,005, celui de gauche de 0m,002 ; la semelle, après avoir, par l'effet du recul de la pièce, dépassé le châssis de l'affût, revient se raccorder avec lui. Le coin de mire n'a été que déplacé et s'interpose entre la pièce et l'affût.
2 coups à 2 boulets. Pointage en belle.	La branche gauche de la crampe du même côté est ressortie de 0m,003. Le bois de la partie cintrée de l'affût qui touche le devant de la crapaudine gauche est enlevé, il y a refoulement du bois en arrière des crapaudines. Le coin de mire est toujours chassé.	Le piton de droite ressort de 0m,010 et celui de gauche de 0m,004 ; en examinant à l'extérieur la plaque d'appui du piton de droite, on reconnaît qu'elle s'est un peu enfoncée dans le bordage, et qu'elle est quelque peu cintrée ainsi que sa clavette. L'affût fatigue beaucoup, et il y a refoulement du bois en arrière des crapaudines.

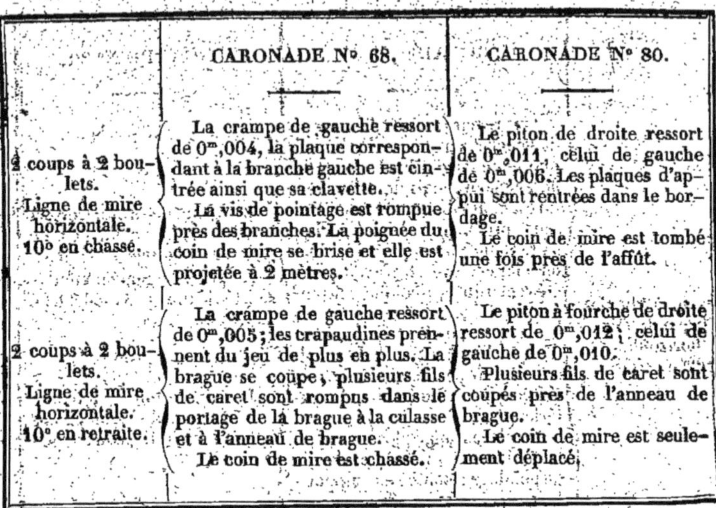

	CARONADE No 68.	CARONADE No 80.
2 coups à 2 boulets. Ligne de mire horizontale. 10° en chasse.	La crampe de gauche ressort de $0^m,004$, la plaque correspondant à la branche gauche est cintrée ainsi que sa clavette. La vis de pointage est rompue près des branches. La poignée du coin de mire se brise et elle est projetée à 2 mètres.	Le piton de droite ressort de $0^m,011$, celui de gauche de $0^m,006$. Les plaques d'appui sont rentrées dans le bordage. Le coin de mire est tombé une fois près de l'affût.
2 coups à 2 boulets. Ligne de mire horizontale. 10° en retraite.	La crampe de gauche ressort de $0^m,005$; les crapaudines prennent du jeu de plus en plus. La brague se coupe, plusieurs fils de caret sont rompus dans le portage de la brague à la culasse et à l'anneau de brague. Le coin de mire est chassé.	Le piton à fourche de droite ressort de $0^m,012$; celui de gauche de $0^m,010$. Plusieurs fils de caret sont coupés près de l'anneau de brague. Le coin de mire est seulement déplacé.

VISITE DES DEUX INSTALLATIONS APRÈS LE TIR.

Pitons.

Ils sont ressortis, celui de droite de $0^m,012$, celui de gauche de $0^m,011$; les tiges sont un peu libres; les plaques d'appui sont cintrées ainsi que les clavettes, mais ces parties paraissent encore pouvoir contenir les pitons.

Crampes.

Elles ont un peu mieux résisté à l'effort du recul; celle de droite ressort de $0^m,002$, et celle de gauche de $0^m,005$. La plaque d'appui correspondant à la branche gauche de la crampe du même côté est cintrée, et sa clavette est assez déformée pour qu'un membre de la commission ait pu croire qu'elle était cassée; cependant on juge que toutes les parties sont susceptibles de remplir leur service, et la commission ne croit pas devoir les déplacer, dans la crainte de les endommager en les retirant et les replaçant aussi souvent.

Bragues.

La brague des pitons a moins souffert; six fils de caret sont coupés à l'œil de brague. Les fils touchant la culasse sont écrasés, mais non pas rompus. La brague des crampes est plus endommagée; indépendamment de douze fils rompus dans l'œil de brague, l'écrasement et le frottement des parties touchant les deux côtés de la culasse ont été tels qu'un certain nombre de fils ne doivent pas tarder à se rompre. L'allongement des bragues n'a pas été sensiblement grand, ce qui s'explique par la pluie tombée pendant l'épreuve : celui de la plus longue n'a été que de $0^m,001$, et celui de la plus courte de 0^m004. Les cosses ont bien résisté. Le choc répété des boulons a laissé seulement sur leurs parois des empreintes ou facettes.

Affûts.

Les mouvements violents des pièces ont déterminé sur l'affût des pitons à fourche le soulèvement du bois qui recouvre le devant de la crapaudine de droite et l'enlèvement de cette partie au-devant de la crapaudine de gauche de l'affût de l'autre pièce. Ces mêmes secousses ont fait abaisser les bordages du pont placés sous les taquets des deux affûts.

Coins de mire.

Celui de M. Dupouy a donné des résultats satisfaisants : il ne peut jamais blesser les servants quand le soulèvement de la semelle le renverse, ce qui arrive rarement, et comme il ne s'éloigne du liteau, le plus ordinairement, que pour glisser sous la culasse, il reçoit alors le choc de cette partie de la pièce, et préserve la vis de pointage d'une prompte destruction. Le point de mire ordinaire est, comme on sait, d'un dangereux emploi, et la commission, fixée sur ses effets et remarquant que son usage n'est point prescrit par le programme, décide que, dans les expériences suivantes, il sera remplacé par un deuxième coin de mire de M. Dupouy.

Séance du 9 mai.

DEUXIÈME SÉRIE D'EXPÉRIENCES.

21 coups, dont 6 à 2 boulets.

NOTA. On retire la vis de pointage pour obtenir les degrés d'élévation voulus : la culasse repose alors sur la semelle, et il n'est point fait usage des coins de mire.

	CARONADE N° 68. Brague en filin de 1er brin, avec cosses, fixée à la muraille par des crampons avec manilles.	CARONADE N° 80. Brague en filin de 1er brin, avec cosses, fixée à la muraille par des pitons à fourche.
5 coups à 1 boulet. Angle de projection 12°. Pointage latéral O.	Les crampes se maintiennent dans leur position, mais l'affût violemment secoué se dégrade, le refoulement du bois en avant et en arrière des crapaudines augmente, et le boulon de derrière de la crapaudine de droite est rompu. Quelques fils de caret se cassent.	Les pitons ne paraissent pas plus ressortis, les mouvements imprimés à l'affût augmentent ses dégradations; la crapaudine de droite fait éclater le bois placé en avant de son logement.
5 coups à 1 boulet. Angle de projection 12°. 30° en chasse.	La crampe de droite se maintient parfaitement, celle de gauche ou plutôt la branche de ce côté a continué de céder, et sa clavette est fortement inclinée vers le milieu. Quelques fils de caret se cassent. Les bordages du pont fléchissent de plus en plus.	Les pitons sont un peu plus libres dans leur logement, néanmoins leur disposition à s'arracher n'augmente pas. Le plus grand écartement, existant entre la tige et le bois qui l'entoure, est de $0^m,003$. Quelques fils de caret se déchirent plutôt qu'ils ne se cassent.
5 coups à 1 boulet. Angle de projection 12°. 30° en retraite.	La branche gauche de la crampe du même côté ressort de $0^m,006$, mais sa forme cylindrique laisse apercevoir moins de jour entre elle et le bois que dans la tige des pitons semblablement ressortis. Les dégradations de l'affût et de la brague augmentent; le bois du devant de la crapaudine de droite éclate.	Le déplacement latéral et de bas en haut ou de haut en bas des pitons est peu considérable, mais l'effort du recul a augmenté les dégradations.

	CARONADE N° 68.	CARONADE N° 80.
2 coups à 2 boulets. Angle de projection 12°. Pointage latéral O.	Point de mouvement sensible dans les crampes ou de dégradations remarquables dans les autres parties de l'installation.	Les pitons sont toujours à peu près dans la même position, et les dégradations successives des autres parties de l'installation sont les mêmes.
1 coup à 2 boulets. Angle de projection 12°. 10° en chasse.	Après ce coup on suspend le tir par suite de circonstances tout à fait étrangères aux épreuves, et la commission emploie le reste de la séance à visiter les différentes parties des deux installations après les avoir fait retirer.	Mêmes observations que ci-contre.

VISITE DES DEUX INSTALLATIONS APRÈS LE TIR.

Pitons.

La plaque d'appui du piton gauche est rompue dans la partie sur laquelle s'appuie la clavette, qui elle-même est fortement courbée; cette rupture paraît tenir à un fer mal corroyé; elle explique en partie la rentrée assez considérable du piton, qui était de 0m010 : à la première série, la plaque du piton de droite, peu cintrée, est en bon état, et on ne peut se rendre compte du mouvement d'arrachement de ce piton, qui est ressorti de 0m012, que par le défaut de précision dans l'entaille faite pour recevoir les plaques renforcées, défaut rendu presque inévitable par la forme de ces plaques et par une forte compression du bois sur lequel la plaque ne porte qu'en quelques points seulement, et enfin par l'inclinaison de la plaque sur le bordage extérieur qui en avait été entamé.

Crampes.

La clavette de la branche gauche de la crampe du même côté est rompue par le milieu; deux nuances d'oxydation dans la cassure font présumer que la rupture a eu lieu en deux fois, l'une au moment de la mise en place, et l'autre au commencement du tir à deux boulets de la première série; s'il en est ainsi, cette crampe se serait encore maintenue, quoique sa plaque fût mal assujettie par la clavette. Cette plaque et l'autre sont cintrées de la quantité dont la plaque ressort.

Bragues.

On s'aperçoit, lorsqu'elles sont dépassées, qu'elles sont en beaucoup plus mauvais état qu'on ne le supposait; celle des crampes a 98 fils de rompus en sept endroits, aux deux côtés de l'anneau de brague et au portage de la brague sur la culasse. La brague des pitons a 31 fils de rompus en deux places, à droite et à gauche de l'anneau de brague. Les allongements ont été, depuis les vingt et un premiers coups, de 0m03 pour la plus longue, et de 0m06 pour la plus courte.

Affûts.

Le bois placé en avant des crapaudines est enlevé; ces mêmes crapaudines ont refoulé le bois en avant et surtout en arrière de leur logement de 0m,01 à 0m,02, et l'ont même fait éclater; cette dégradation est plus prononcée pour l'affût n° 68, et la rupture du boulon a dû y contribuer. Le soulèvement des pièces a déterminé la rupture des semelles près des pivots. La plaque d'appui de la vis de pointage de la caronade n° 68 est enfoncée ; il n'en est pas de même de l'autre, presque toujours préservée par le coin qui supporte la culasse lorsqu'elle retombe sur la semelle.

La commission avait à examiner si, par interprétation de l'article 12 du programme, on devait considérer la mise hors de service des parties du système autres que les pitons à fourche et les crampes, comme la mise hors de service des deux installations ; elle n'a pas cru qu'on dût l'entendre ainsi, et elle s'est ajournée en décidant qu'elle ferait changer les deux affûts, en adaptant à chacun des nouveaux un liteau pour le coin de mire de M. Dupouy, la plaque d'appui du piton de gauche et la clavette, la clavette de la branche de la crampe gauche, et qu'elle ferait placer des rondelles sur les plaques des pitons à fourche pour combler l'intervalle qui existera entre les clavettes et les plaques lorsque les pitons auront été replacés. Elle pense qu'il suffira de replacer les plaques des crampes qui sont légèrement cintrées, en ajoutant une rondelle à la branche de la crampe de gauche en même temps qu'on chargera sa clavette.

Séance du 15 mai.

SUITE DE LA DEUXIÈME SÉRIE D'EXPÉRIENCES.

	CARONADE N° 68.	CARONADE N° 80.
1 coup à 2 boulets. Angle de projection 12°. 10° en chasse.	La crampe de droite ressort de 0m,005, celle de gauche de 0m,002; pas de déplacement latéral. Un des torons de la brague est rompu près de l'anneau.	Le piton de droite ressort de 0m,000,5, celui de gauche de 0m,0015; ce dernier est déplacé à droite de 0m,0005.
2 coups à 2 boul. Angle de projection 12°. 10° en retraite.	Pas de mouvement dans les crampes, un 2e toron rompu du même côté au 1er coup et les autres au 2e.	Point de mouvement dans les pitons. Quatre nouveaux fils de caret ont été rompus dans ces trois coups.

VISITE DES DEUX INSTALLATIONS.

Le léger mouvement qui s'est opéré au premier coup dans les crampes et dans les pitons n'a pas eu de suite. La commission ajourne sa réunion au lendemain, lorsqu'elle aura fait réparer la brague des crampes dont les cosses n'ont subi aucune altération qui puisse empêcher de les réemployer, et lorsqu'elle aurait fait disposer, pour chaque caronade, une brague de rechange neuve et semblable à la première, toutes prises dans la même pièce de cordage.

Séance du 16 mai.

TROISIÈME SÉRIE D'EXPÉRIENCES.

21 coups, dont 6 à 2 boulets.

	CARONADE N° 68.	CARONADE N° 80.
	Brague en filin de 1er brin, avec cosses, fixée à la muraille par des crampes et des manilles. Coin de mire de M. Dupouy.	Brague en filin de 1er brin, avec cosses, fixée à la muraille par des pitons à fourche. Coin de mire de M. Dupouy.
5 coups à 1 boulet. Angle de projection 4°. Pointage latéral.	Point de mouvement dans les crampes. Le coin de mire est resté en place ou a été porté en avant.	Point de mouvement dans les pitons. Le coin de mire est resté en place, ou a été porté en avant et s'est placé une fois sur le liteau.
5 coups à 1 boulet. Angle de projection 4°. 30° en chasse.	Les crampes n'éprouvent aucun déplacement. Le coin de mire a toujours été déplacé en avant.	Les 2 pitons éprouvent un mouvement de déplacement à droite de $0^m,0015$. Le coin de mire a été constamment déplacé en avant.

	CARONADE N° 68.	CARONADE N° 80.
5 coups à 1 boulet. Angle de projection 4°. 30° en retraite.	Point de mouvement dans les crampes. Le coin de mire a toujours été déplacé en avant. Le bois commence à se refouler en arrière des crapaudines.	Le piton de gauche a repris sa position, celui de droite a repris la sienne et l'a dépassée à gauche de 0m,002, le bois se refoule en arrière des crapaudines. Le coin de mire a été déplacé en avant.
2 coups à 2 boulets. Angle de projection 4°. Pointage latéral.	Un des torons de la brague, près de l'épissure droite, a molli, la fourrure de l'épissure se lâche. Faible déplacement du coin de mire.	Rien de remarquable. Le coin glisse en avant.
2 coups à 2 boulets. Angle de projection 4°. 10° en chasse.	La brague se rompt au 1er coup, un peu au-dessus de l'épissure; elle avait 21 fils de cassés en deux endroits près de l'anneau de brague. Le coin de mire a été porté en avant. On met une autre brague en place.	Un toron est rompu au 1er coup, néanmoins la brague résiste avec les trois torons restants. Le coin est porté en avant.
2 coups à 2 boulets. Angle de projection 4°. 10° en retraite.	Les crampes sont en parfait état; les plaques d'appui sont quelque peu cintrées. Le coin est porté en avant.	Les pitons se sont bien maintenus. Un toron se rompt au 1er coup, et les deux derniers au 2e. Le coin a été déplacé en avant.

VISITE DES DEUX INSTALLATIONS.

Pitons et crampes.

L'examen que l'on en fait ne donne lieu à aucune remarque qui puisse faire supposer qu'ils ne résisteront pas à un tir prolongé. Les plaques d'appui et les clavettes étaient bien assujetties, et sont replacées semblablement.

Bragues.

La brague des pitons à fourche a pu résister à l'effet de 63 coups dont 18 à deux boulets, tandis que pendant ce laps de temps il a fallu changer la brague des crampes deux fois; on avait tiré 42 coups avec la première et 18 seulement avec la deuxième. Quelque défaut dans la deuxième brague a sans doute déterminé sa prompte rupture; mais la supériorité de la brague qui a pu servir pendant 63 coups tient au mou qu'on y a réservé, le recul de la pièce ne se faisant sentir sur la brague qu'après que le frottement de la semelle sur le châssis en a considérablement amorti l'effort. La pièce par la réaction est ramenée en batterie, et l'on ne voit point dès lors quel inconvénient il pourrait y avoir à augmenter cette longueur de $0^{m},06$ c.

Affûts.

Le bois a été refoulé en avant et en arrière des crapaudines de $0^{m},003$ à $0^{m},004$ au plus; quelques fentes que l'on aperçoit dans la partie cintrée des semelles, en avant des crapaudines, font craindre quelque rupture.

Bordages.

Les deux bordages du pont sur lesquels posent les taquets menacent de s'enfoncer; ils étaient en mauvais état avant les épreuves, et on les a fait soutenir par des épontilles.

QUATRIÈME SÉRIE D'EXPÉRIENCES.

18 coups à 2 boulets.

	CARONADE N° 68.	CARONADE N° 80.
	Brague en filin de 1er brin, avec cosses, fixée à la muraille par des crampes ou des manilles. Coin de mire de M. Dupouy.	Brague en filin de 1er brin, avec cosses, fixée à la muraille par des pitons à fourche. Coin de mire de M. Dupouy.
2 coups à 2 boulets. Pointage en belle.	La crampe de gauche, au 1er coup, ressort comme précédemment de $0^m,001$ et n'éprouve plus de déplacement. Le coin de mire est porté en avant.	Le piton de gauche ressort de $0^m,0015$ et est dépassé à droite de $0^m,002$. Le coin de mire n'est pas déplacé.
2 coups à 2 boulets. Ligne de mire horizontale. 10° en chasse.	Les crampes sont sorties, celle de droite de $0^m,001$, celle de gauche de $0^m,002$.	Le piton de droite est sorti de $0^m,002$ et a été déplacé à gauche de $0^m,003$, le piton de gauche est sorti de $0^m,0015$ et a été déplacé de la même quantité à gauche.
2 coups à 2 boulets. Ligne de mire horizontale. 10° en retraite.	Le coin de mire a toujours été déplacé en avant.	

Les dégradations, pendant ces dix coups, n'avaient pas sensiblement augmenté quant aux pitons ou crampes et aux affûts; mais, en dépassant les bragues, on a constaté la rupture de 17 fils de caret à la brague des crampes, et seulement celle d'un fil à la brague des pitons à fourche; cette différence pouvant être attribuée, non-seulement à la moindre longueur de la première, mais de plus aux parties trop tranchantes des angles de l'anneau de brague et à des gravelures pouvant occasionner des déchirements; la commission pouvant constater les faits, a, sur la demande d'un de ses membres, prescrit de changer les pièces de place et de garnir de basane les parties des bragues exposées au frottement.

Séance du 21 mai.

SUITE DE LA QUATRIÈME SÉRIE D'EXPÉRIENCES.

	CARONADE N° 68.	CARONADE N° 80.
2 coups à 2 boulets. Pointage en belle. 2 coups à 2 boulets. Ligne de mire horizontale. 10° en chasse. 2 coups à 2 boulets. Ligne de mire horizontale. 10° en retraite.	Pendant ces six coups, qui ont été tirés le plus promptement possible, les crampes ne paraissent pas avoir éprouvé de déplacement. Le coin de mire s'est brisé. La fourrure de l'épissure droite mollit.	Les pitons sont toujours dans la même direction après ces six coups; dans le tir en chasse, ils dévient à droite, et dans le tir en retraite, à gauche, de quelques millimètres. Le coin de mire avait commencé à se fendre, il s'est ensuite brisé.
Même série de coups.	Les dégradations vont croissant dans l'affût mais sans qu'on puisse croire à une mise hors de service prochaine. Les crampes se maintiennent et n'éprouvent point de déplacement remarquable. La brague s'est conservée assez bien jusqu'ici mais la basane commence à se couper. Le coin de mire a été plus ou moins déplacé.	L'affût est à peu près dans le même état que l'autre; si le refoulement du bois en arrière des crapaudines n'augmente pas plus que précédemment, son service est encore assuré pour longtemps. La brague fatigue moins que celle des crampes, et la basane est presque intacte. Le coin de mire a été déplacé en avant.

La commission, après ces douze coups tirés par chaque pièce le plus promptement possible, n'apercevant dans les crampes ni dans les pitons aucun signe précurseur de destruction, pense qu'en continuant les épreuves sans aucune modification, elle serait inutilement entraînée à une dépense considérable de temps et d'argent, sans parvenir peut-être à aucun résultat; elle a jugé, au contraire, qu'en tirant sous des angles latéraux plus grands et au-dessous de l'horizon, on arriverait au but qu'on se propose, qui est de faire connaître dans les diverses circonstances d'un combat, l'avantage qu'un des systèmes peut avoir sur l'autre. On exécute, en conséquence, le tir suivant le plus promptement possible.

CINQUIÈME SÉRIE D'EXPÉRIENCES.

24 coups à 2 boulets.

	CARONADE N° 60.	CARONADE N° 68.
	Brague en filin de 1er brin, avec cosses, fixée à la muraille par des crampes avec manilles. Coin de mire de M. Dupouy.	Brague en filin de 1er brin, avec cosses, fixée à la muraille par des pitons à fourche. Coin de mire de M. Dupouy.
3 coups à 2 boulets. Ligne de mire horizontale. 20° en chasse. 3 coups à 2 boulets. Ligne de mire horizontale. 20° en retraite. 3 coups à 2 boulets. Angle de projection 4°. 20° en chasse. 3 coups à 2 boulets. Angle de projection 4°. 20° en retraite.	La solidité des crampes n'est pas le moindrement mise en doute. Au 8e coup un des torons de la brague casse, un 2e toron casse au 10e, et les deux derniers au 11e. On avait tiré 32 coups à 2 boulets avec cette brague qu'on remplace par une autre, à laquelle on avait voulu donner assez de longueur pour que la semelle de l'affût dépassât le châssis en arrière de 0m,06, mais qui était telle que cet excédant n'était que de 0m,04. Le coin de mire a été brisé une fois.	Les pitons n'ont été que faiblement déplacés; pendant ce tir, on s'est aperçu que 0m,80 de la serre-gouttière, près du piton de droite extérieurement, se détachaient. Les points de repère, qui y étaient marqués pour déterminer le degré d'arrachement des pitons, ne peuvent plus servir. La brague paraît encore bien conservée, mais la basane qui en recouvre une partie se coupe et découvre un certain nombre de fils de caret rompus. Le coin de mire a été brisé une fois.
3 coups à 2 boulets. Angle de projection 4°. 20° en chasse. 3 coups à 2 boulets. Angle de projection 4°. 20° en retraite. 3 coups à 2 boulets. Angle de projection 4°. 30° en chasse. 3 coups à 2 boulets. Angle de projection 4°. 30° en retraite.	Au 5e coup un toron casse dans l'épissure de droite; au 6e la brague casse et on la remplace par une autre qui avait été préparée pour l'autre pièce. Cette brague n'avait servi que pendant 7 coups. La brague nouvelle étant plus longue l'affût paraît moins secoué, et, quoique cette longueur de brague puisse donner la facilité de faire reculer la semelle de plus de 0m,10, on remarque que la pièce revient en batterie après le coup.	Un toron de la brague casse au 7e coup, un 2e toron au 9e, et la brague est entièrement rompue au 10e. Comme la brague neuve de rechange avait été employée à l'autre pièce, on a attendu que les coups correspondants eussent été tirés, pour achever de tirer avec cette même brague les deux derniers coups. Un éclat se forme dans la serre-gouttière par l'effort produit par le piton de gauche.

VISITE DES DEUX INSTALLATIONS APRÈS LE TIR.

Pitons.

La tige du piton de gauche a été tordue et présente une double courbure produite par le tir latéral ; la flèche d'un des arcs est de $0^m,004$, et celle de l'autre de $0^m,003$; une autre courbure a été déterminée par le pointage au-dessous de l'horizon ; la flèche de cet arc est de $0^m,004$, la rondelle a fortement reçu l'empreinte de la clavette qui est enfoncée de 2 à 3^{mm} ; la plaque d'appui est intacte. Les mêmes observations s'appliquent au piton de droite dont les courbures sont un peu plus fortes de $0^m,001$. Ces pitons sont un peu libres dans leur logement. Le plus grand écartement du fer au bois à l'entrée du trou est de 6^{mm}. Dans cet état, ils paraissent devoir résister à un tir prolongé.

Crampes.

Les différents pointages ne les ont point courbées.

Affûts.

Le bois refoulé en arrière des crapaudines s'est un peu soulevé comme s'il devait éclater; mais, comme la plus grande distance du derrière de la crapaudine au bois n'est pas de plus de 0,004, et que les boulons n'ont pas pris de jeu, on doit présumer que ces affûts, dans les mêmes circonstances, pourront encore être longtemps d'un bon service.

Bragues.

Jusqu'à présent la durée des bragues tenues par des pitons l'emporte de beaucoup sur celles qui tiennent à la muraille par des crampes, puisque si l'on déduit de tous les coups tirés ceux qui l'ont été avec la dernière brague, savoir 6 coups en faisant usage des crampes et 2 coups en faisant usage des pitons, on trouve qu'il a fallu employer 4 bragues fixées par des crampes pour tirer 99 coups, tandis qu'il n'en a fallu que 2 pour tirer 103 coups avec les bragues tenues par des pitons à fourche. Il est évident qu'indépendamment des causes souvent inconnues d'une prompte rupture, ou qu'on ne peut attribuer à tel ou tel système, on doit assigner comme cause première et principale de la destruction des bragues, dans le système à crampes, le peu de longueur donnée à la brague; que si au contraire on lui eût laissé assez de mou pour faire reculer la semelle autant que celle de l'autre système, on serait arrivé à ne trouver qu'une différence de durée très-faible, ce qui tient à ce qu'avec les crampes les bragues sont d'un dix-huitième environ plus courtes, tandis que, dans les expériences et d'après les dispositions formelles du programme, elles étaient d'un cinquième et ne permettaient d'abord aucun recul.

Chaque pièce avait tiré 105 coups dont 60 à 2 boulets et 45 à 1 seul, et les deux moyens d'attache présentaient encore une si grande solidité, qu'en ne considérant pas les autres parties des deux installations, on pouvait envisager comme superflue la continuation des épreuves qui devaient aboutir d'abord à la rupture des bragues, puis à celles des affûts, et enfin à la destruction de la serre-gouttière par les pitons à fourche.

Comme il avait été prescrit de tirer jusqu'à ce que les deux installations se trouvassent hors de service, plusieurs membres de la commission ont pensé qu'on n'arriverait pas à ce résultat sans s'écarter sensiblement du programme, et il leur a paru utile d'essayer quelle serait l'influence produite sur l'un et sur l'autre système, par des circonstances qui doivent se présenter souvent dans la pratique, telles que des vices de fabrication dans quelques-unes de leurs parties, ou des accidents qui leur seraient survenus.

C'est dans ce but qu'ont été entreprises les expériences de la série suivante qui doivent nécessairement amener la destruction des pitons et des crampes.

Séance du 26 mai.

SIXIÈME SÉRIE D'EXPÉRIENCES.

	CARONADE N° 80.		CARONADE N° 68.
Pointage en belle. 35 coups dont 33 à 2 boulets.	Brague en filin de 1er brin, avec cosses, fixée à la muraille par des crampes et des manilles. Coin de mire de M. Dupouy. La semelle dépassant le châssis de $0^m,08$.	Pointage en belle. 17 coups dont 15 à 2 boulets.	Brague en filin de 1er brin, avec cosses, fixée à la muraille par des pitons à fourches. Coin de mire de M. Dupouy. La semelle dépassant le châssis de $0^m,10$.
	Clavettes et plaques d'appui de la crampe de gauche en fer cassant. Les plaques posées en porte à faux sur 2 cales de 6 à 8^{mm} d'épaisseur.		Clavette et plaque d'appui du piton de gauche en fer cassant.
2 coups à 1 boulet.	En enfonçant la crampe de gauche pour la quatrième fois, une cassure se déclare transversalement dans sa partie concave occupant un peu plus que la moitié de la circonférence. La cassure se resserra après le 1er coup.	2 coups à 1 boulet.	Rien de remarquable.

	CARONADE N° 80.		CARONADE N° 68.
1 coup à 2 boulets.	Les deux plaques se cassent par leur milieu. On remet en place à la même crampe et à la branche droite une plaque pareille, et à la branche gauche une plaque de fer de bonne qualité, portant l'une et l'autre sur le bordage.	7 coups à 2 boulets.	Les plaques et les clavettes résistent. Vérification faite de la qualité du fer des plaques et des clavettes, on reconnaît que les clavettes sont en fer très-cassant, et les plaques au contraire en fer très-résistant.
7 coups à 2 boulets.	Cette mauvaise plaque, qui avait été choisie dans les fers de mauvaise qualité, résiste. Il est constaté cependant que le fer est d'une qualité médiocre. On remplace la crampe de gauche par une autre, dont partie des extrémités supérieure et inférieure, à partir des mortaises, est en fer de mauvaise qualité, et on replace les plaques et clavettes de fer de bonne qualité.	. . . . . .	On remplace le piton de gauche par un autre dont l'extrémité supérieure, à partir de la mortaise, est en fer très-mauvais; on remplace aussi la mauvaise plaque et sa clavette qui, malgré leur infériorité supposée, ont résisté, par les plaques et clavettes premières.
7 coups à 2 boulets.	Aucune rupture ou signe d'arrachement ne se manifeste après ces 7 coups, quoique le fer employé comme cassant le fût à un très-haut degré. On rompt en dessus le bout de la branche droite de la même crampe jusqu'à la mortaise.	7 coups à 2 boulets.	Il ne se manifeste aucune rupture ou signe d'arrachement, quoiqu'il ait été reconnu plus tard que le fer employé comme cassant était très-mauvais. On rompt à moitié en dessus le bout du piton à fourche de gauche.
7 coups à 2 boulets.	Cette partie prend la forme représentée par la fig. 5, mais sans indication d'une rupture prochaine après les 7 coups.	1 coup à 2 boulets.	On devait tirer 7 coups; mais, au 1er, la rupture complète a lieu, et le piton est projeté à longueur de brague.

	CARONADE N° 80.		
	On rompt entièrement dans la mortaise l'extrémité de la branche droite.		
10 coups à 2 boulets.	Cette branche ressort successivement de 0m,023, celle de gauche résiste, mais plusieurs gerçures se montrent transversalement dans la partie concave de la crampe.		
	On rompt pour ce dernier coup, à moitié en dessous, le bout de la branche gauche jusqu'à la mortaise.		
1 coup à 1 boulet.	On ne parvient point à arracher la crampe, mais seulement à faire sortir cette branche gauche de 0m,012 ; son extrémité prend la forme indiquée par la fig. 6.		

VISITE DES DEUX INSTALLATIONS.

Pitons et crampes.

Ceux de droite, qui avaient supporté les premières épreuves, ne paraissaient pas s'être ressentis des effets du dernier tir qui, à la vérité, n'avait été que de 17 coups pour les pitons, et de 35 pour les crampes. Quant aux pitons et aux crampes de gauche, dont on avait voulu déterminer la rupture dans certaines conditions, les parties autres que celles dont la mutilation est indiquée dans la troisième place n'avaient nullement souffert, à l'exception du contour intérieur de la crampe, où quelques petites gerçures avaient été signalées.

Bragues.

La brague des pitons à fourche ne pouvait être que peu endommagée; elle n'avait servi que pour 17 coups, et, de plus, elle était assez longue pour que la semelle dépassât le châssis de $0^m,10$; aussi n'avait-elle que deux fils presque coupés ; elle s'était allongée de $0^m,11$.

La brague des crampes avait beaucoup plus souffert; mais, si l'on considère qu'elle avait servi à tirer 35 coups, dont 33 à 2 boulets, et qu'elle n'avait encore que 41 fils de rompus, on reconnaîtra que cette augmentation considérable de durée, malgré le tir si destructeur à deux projectiles, tient au mou donné à la brague qui, quoique moindre qu'on ne voulait l'établir, a été d'une grande efficacité.

Les cosses étaient presque aussi intactes que lors de leur mise en place.

Affûts.

A l'exception d'un refoulement de bois en avant et principalement en arrière des crapaudines, refoulement qui ne laissait pas un jour de plus de $0^m,006$, ces affûts paraissaient encore pouvoir suffire à un long service, malgré les fentes qui s'étaient déclarées près de la partie cintrée de dedans, mais qui ne s'étaient pas sensiblement agrandies. Cependant l'un d'eux avait servi pour 101 coups, et l'autre pour 83, ce qui doit faire supposer que les premiers affûts, quoique n'ayant jamais servi, et bons en apparence, contenaient un principe de destruction dû à la trop grande dessiccation du bois.

Coins de mire.

On a pu remarquer que, dans les expériences de la troisième et de la quatrième série, plusieurs coins de mire ont été brisés; on a remarqué que la cause en était due à la cavité sphérique établie sur les deux derniers affûts pour recevoir la culasse et augmenter le pointage vertical; cette rupture n'a plus eu lieu après que ces cavités ont été bouchées, et l'on a pu, comme précédemment, faire usage dans la dernière série de ce coin qui, sous tous les rapports, est bien préférable à celui qui jadis était employé.

Pendant le cours de ses opérations, la commission a pris connaissance d'une dépêche du 29 avril 1840, et d'une note de M. le colonel Romme qui y était jointe; ayant reconnu que le contenu de cette note faisait supposer l'adoption du piton à fourche, tandis que le but des expériences ordonnées par la dépêche du 28 mars 1840 était d'établir une comparaison entre ce piton et les crampes; remarquant au surplus que les modifications proposées par M. le colonel Romme ont été effectuées en tant qu'elles ne sont point tout à fait en dehors des dispositions du programme, ou en opposition avec elles; la commission a pensé qu'elle devait continuer ses opérations comme elles sont indiquées, pour arriver à la solution de la question de supériorité d'un des moyens d'attache de la brague à la muraille.

La commission a reçu également en communication, avec la dépêche du 16 mai, le travail des commissions de Toulon et de Rochefort chargées de fixer les proportions des crampes et des manilles; mais elle n'a rien vu, dans les propositions de ces commissions, qui pût l'engager à modifier les expériences qu'elle avait commencées.

D'abord les crampes et les manilles, telles qu'elles ont été proposées par le port de Toulon, ont paru très-inférieures à celles qu'a proposées le port de Brest.

Sans s'arrêter, en effet, à leur forme beaucoup moins simple, et par suite d'une exécution moins facile, on remarquera, en jetant les yeux sur les figures 2 et 4, planche II, que le grand diamètre que l'œil des manilles de ce premier port a forcé de donner aux crampes une très-grande saillie, qui sans cela serait inutile, dont les conséquences directes les plus graves de ce défaut sont de raccourcir les bragues et faire beaucoup plus fatiguer les crampes dans tous les efforts qu'elles ont à supporter, et surtout dans le tir oblique, ainsi que les figures 1 et 2 le font facilement apercevoir.

Les formes proposées par le port de Brest, et qui permettent de mettre en place la manille, ainsi que l'indique la figure 3, offrent évidemment de grands avantages sous tous ces rapports comme sous beaucoup d'autres, et n'ont présenté aucun inconvénient, ni dans les épreuves qui ont été faites à la presse hydraulique, ni dans les expériences diverses, et poussées à outrance, dont la commission vient d'avoir à s'occuper.

Quant aux propositions émanées du port de Rochefort, elles ne sont point parvenues assez complètes, pour qu'on pût les comparer avec ce qui a été fait à Brest, et le président de la commission a, dans le temps, rendu compte à M. le préfet maritime que les tableaux et dessins qui devaient être annexés au rapport de la commission de ce port ne s'y trouvaient pas joints.

RÉSUMÉ ET CONCLUSION.

Quoique, sous le rapport de la solidité des pièces elles-mêmes, les crampes aient eu quelque avantage sur les pitons à fourche, puisqu'on a pu y apprécier les déformations légères que ceux-ci ont éprouvées, néanmoins les parties principales de ces deux modes d'amarrages ont offert une résistance tellement supérieure à celle des bragues et des affûts, qu'il ne semble pas qu'on puisse, à cet égard, concevoir la moindre inquiétude ni pour l'un ni pour l'autre, et qu'il est impossible d'accorder la préférence à l'un d'eux, si on les envisage sous ce seul point de vue.

Ce n'est donc que par leurs accessoires que ces systèmes peuvent être jugés, et, pour établir la supériorité de l'un des deux sur l'autre, il faut comparer entre eux les moyens de tenue à la muraille du bâtiment et leurs effets destructeurs par la charpente ou par l'armement des bouches à feu ; tenir compte du danger plus ou moins grand qu'ils présentent dans leur emploi, et du plus ou moins de facilité qu'offrent leur exécution, leur installation et leur service.

La crampe se fixant par deux branches, en deux points différents de la muraille, deux plaques d'appui, deux clavettes lui sont nécessaires, tandis que ces pièces sont uniques pour le piton. Elle comporte donc deux fois plus de parties saillantes à l'extérieur et susceptibles de recevoir des chocs qui peuvent les endommager ou les détruire.

Mais, d'une part, ce désavantage est presque compensé par la saillie et par le volume beaucoup moindre de ces parties saillantes, et, de l'autre part, l'avantage de diviser les chances d'avaries est incontestable.

Pour le piton, en effet, tout accident devient grave, et on l'a vu, en pareil cas, arraché de la muraille au premier coup et projeté à longueur de brague sur le pont du ponton.

La crampe, au contraire, avec le bout d'une branche entièrement cassée, a résisté au tir d'un assez grand nombre de coups, et n'est pas même sortie considérablement du bord par l'effet d'un coup à deux boulets, lorsque l'on a brisé à moitié la seule branche qui la retenait.

La tenue des crampes dans la muraille offre plus de sécurité, et cet avantage se fût manifesté par d'autres effets non moins sensibles si la charpente des sabords n'eût pas été refaite à neuf. Il est facile de concevoir ce qui doit arriver à un piton à fourche qui se trouverait enfoncé dans une partie dont le bois serait échauffé et peu résistant, et l'on comprend également combien il est avantageux, en pareille circonstance, de pouvoir répartir, comme dans les crampes, la fatigue sur plusieurs points.

La forme des pitons accroît encore les inconvénients qui viennent d'être signalés, parce qu'elle force, pour en loger le collet, à couper presque entièrement la serre-gouttière, et qu'à l'extérieur l'encastrement de leurs plaques d'appui, renforcées de nervures, entame fortement la petite préceinte.

L'emplacement des crampes ne nécessite que deux trous de tarière, et leurs plaques d'appui ne pénètrent que fort peu dans les bordages. Aussi, dans les épreuves, les crampes n'ont-elles nullement fatigué la charpente, tandis que les pitons ont fait éclater la serre-gouttière, et qu'il faudrait changer cette pièce si elle appartenait à un navire qui dût prendre la mer.

On remarque que l'affût correspondant aux crampes avait été plus fortement secoué que celui qui correspondait aux pitons, et que les bragues avaient été consommées de ce côté en nombre beaucoup plus considérable que de l'autre; mais il est évident, comme on l'a déjà fait observer à propos des bragues, que la grande inégalité de longueur de ces cordages a été la cause déterminante de ces deux effets.

Si l'on ne se fût pas cru lié par les indications formelles du programme, et qu'on eût donné aux bragues un mou égal dans les deux systèmes, il est plus que probable que l'on fût arrivé, pour tous deux, à des résultats à peu près identiques. C'est du moins ce que les épreuves de la sixième série autorisent à penser.

Quant aux dangers que peuvent présenter, pour ceux qui servent les pièces, l'emploi de l'un ou de l'autre système, les épreuves ont été tout à fait favorables aux crampes, comme le raisonnement seul pouvait le faire pressentir.

Les crampes et les manilles, du moins telles qu'elles ont été employées dans les épreuves qui viennent d'être faites à Brest, sont d'une exécution et d'un placement faciles, et elles pourraient être, sans peine, remplacées partout au besoin et même avec les seuls moyens du bord. Les pitons sont, au contraire, difficiles à mettre en place, ne peuvent être bien faits que par des ouvriers spéciaux ou habiles, et il faut des moyens assez puissants pour fabriquer une de ces pièces qui pèse, à elle seule, plus qu'une crampe avec sa manille.

Les deux systèmes offrent d'ailleurs des facilités à peu près égales pour changer les bragues et pour les autres détails du service.

Par ces divers motifs, la commission pense que le système d'amarrage des bouches à feu au moyen de crampes et de manilles doit être préféré à celui dans lequel on fait usage de pitons à fourche, et le regarde même comme laissant très-peu à désirer sous tous les rapports.

Clos à Brest, le 24 juin 1840.

Les membres de la commission,

FAUCONNIER, FAUVEAU, A. REMQUET.

COMMISSION DE GAVRE.

PROCÈS-VERBAL

DES EXPÉRIENCES COMPARATIVES FAITES A LORIENT SUR LA RÉSISTANCE DES CRAMPES ET DES PITONS A FOURCHES.

La commission était composée de MM. Zéni, lieutenant colonel d'artillerie de la marine, président; Hélie, professeur à l'école d'artillerie; Thomœuf, sous-ingénieur des constructions navales; de Saint-Simon, lieutenant de vaisseau; Brun, lieutenant de vaisseau; Bourguignon, capitaine d'artillerie de la marine; Vallerey Martin et Laurent, lieutenants d'artillerie de la marine.

Des pitons.

Deux genres de pitons ont été soumis aux expériences. Les uns sont désignés sous la dénomination de *pitons modifiés;* les autres par celle de *pitons non modifiés.* Leurs formes et leurs dimensions sont consignées dans les dessins qui accompagnent ce rapport.

Ils avaient été confectionnés dans la forge de la Chaussade.

Des crampes et manilles.

Les crampes et manilles avaient été fabriquées dans le port, par les soins de la direction des constructions navales.

Les dessins joints au rapport donnent leurs formes et leurs dimensions.

Disposition de la batterie.

La batterie est dirigée vers la mer ; une butte en sable, construite à quelques mètres en avant, est destinée à recevoir les boulets. Le peu de largeur du terrain n'a pas permis de donner à cette butte toute la hauteur qu'on aurait désiré, de sorte que dans le tir à démâter les projectiles vont se perdre au loin dans la mer. On ne peut donc tirer de cette manière que dans les moments où aucun bateau n'est en vue.

Construction de la batterie.

La batterie construite à Gavre est percée de trois sabords. La muraille ne présente de courbure ni dans le sens vertical, ni dans le sens horizontal ; mais la disposition et les échantillons des diverses pièces qui la composent ont été réglés conformément aux prescriptions officielles relatives aux vaisseaux de 100. Le pont de la batterie (sa longueur est de trois mètres) présente le bouge indiqué dans le devis de construction de ces bâtiments ; mais, dans des vues d'économie, on a donné aux barrots de ce pont des dimensions fort inférieures (25 sur 22^{cm}), et l'on en a multiplié le nombre. Il en existe un par le travers de chaque couple.

Au-dessous de chacun des barrots, à 1 mètre de distance environ, on a placé une traverse ; chacune de ces pièces est reliée au barrot correspondant par trois montants verticaux placés latéralement et solidement chevillés ; l'ensemble de ces traverses, qui font saillie à l'extérieur de la muraille, compose une espèce de plate-forme sur laquelle porte la muraille ; son pied est saisi entre deux rangs de longrines, qui s'engagent dans des entailles pratiquées dans les traverses ; ces longrines sont réunies par un double chevillage à la plate-forme et à la muraille ; elles sont d'ailleurs maintenues en place par de forts taquets longs, chevillés à dés sur les traverses.

Pour s'opposer aux efforts qui tendent soit à soulever, soit à faire rentrer la muraille, on a établi, à l'extérieur, des écharpes formant accords, et à l'intérieur 4 arcs-boutants, qui sont placés par le travers des couples qui ne sont point façades de sabords. Les écharpes ont peu d'épatement ; leurs têtes sont clouées sur 3 virures de bordages consécutives, au nombre desquelles se trouvent les 2e et 3e virures de préceintes ; leurs pieds sont chevillés latéralement avec les traverses. Les têtes des arcs-boutants se rattachent à la muraille, au-dessous du plat-bord, au moyen d'entailles à queue d'aronde ; chacun des arcs-boutants est ensuite engagé, à la hauteur du pont, entre deux barrots ; et, à la hauteur de la plate-forme, entre deux traverses, et ils sont fortement chevillés avec les traverses et avec les barrots.

La construction terminée, l'on ne s'est pas borné à remplir avec du sable les vides existant entre les différentes pièces ; l'on a comme encastré dans le sable toute la batterie ; toutefois l'on a eu soin de faire que le sable ne s'élevât à l'extérieur que jusqu'à la hauteur des ferrements des sabords. L'expérience a prouvé qu'une batterie ainsi construite présentait toutes les garanties de solidité désirable.

Position des bragues.

La pièce tirant en belle et son axe étant horizontal, la brague est dans une position telle, que son axe prolongé rencontre le gabariage en un point qui est également distant des faces intérieures et extérieures du couple.

L'horizontale menée dans le plan vertical, passant par l'axe de la brague, fait avec cet axe un angle de 27°, et l'angle que forme ce plan avec le plan vertical latitudinal est mesuré par un arc de 29° 30'.

Position des pitons à fourches et des crampes.

L'axe du piton à fourche se trouve sur le prolongement de l'axe de la brague; le piton se présente d'ailleurs de telle sorte, que le boulon qui traverse sa fourche et la roulette de la brague est perpendiculaire au plan formé par les axes des deux branches de la brague.

Les crampes sont placées dans le plan des bragues, et de telle manière que les axes de bragues, prolongés, sont parallèles aux axes des branches de la crampe et situés à égale distance de chacun d'eux.

Bouches à feu.

Les trois caronades étaient du calibre de 30 et avaient été coulées à Saint-Gervais en 1833.

ÉTAT DES TROIS CARONADES.

	CARONADE installée sur les crampes.		CARONADE installée sur les pitons modifiés.		CARONADE installée sur les pitons non modifiés.	
POIDS. . . .	1,029 kil.		1,023 kil.		1,028 kil.	
	Avant les expériences.	Après les expériences.	Avant les expériences.	Après les expériences.	Avant les expériences.	Après les expériences.
L'excès du diamètre de la pièce sur le diamètre indiqué par ce tableau variait entre.	millim. 0,2 et 0,8	millim. 0,2 et 1,1	millim. 0,4 et 1,1	millim. 0,8 et 1,7	millim. 0,2 et 0,4	millim. 0,2 et 1,1
Diamètre de la lumière.	6,5	7,0	6,3	6,7	6,3	6,7

Affûts.

Les affûts étaient neufs.

Sur la semelle était cloué le liteau indiqué par M. le lieutenant de vaisseau Dupouy et destiné à maintenir le coin imaginé par cet officier.

La partie inférieure de la cheville ouvrière était traversée au-dessous du châssis par une clavette.

On a eu occasion de remarquer que, lorsque cette clavette manque, la cheville ouvrière sort de son logement, dans le recul que permet le mou de brague.

Poudres.

La poudre a été extraite de barils portant la suscription: *Pont-de-Buis*, 1837.

PREMIÈRE SÉRIE D'EXPÉRIENCES.

26 *août*.

Chaque pièce a été soumise à un tir de 21 coups.

La ligne de mire naturelle était constamment horizontale.

Aux 15 premiers coups on n'introduisait qu'un boulet dans la pièce.

De ces 15 coups, les 5 premiers ont été tirés en belle, c'est-à-dire que le plan de tir était perpendiculaire à la muraille.

Les 5 coups suivants ont été tirés en chasse; le plan de tir était dirigé à gauche et faisait avec la perpendiculaire à la muraille un angle de 28°,49'.

Enfin les 5 derniers coups ont été tirés en retraite; le plan de tir était dirigé à droite et faisait avec la perpendiculaire à la muraille le même angle de 28,49'.

C'est le plus grand angle que puisse faire le plan de tir avec la perpendiculaire à la muraille, lorsque le dessous de la semelle reste appliqué sur le châssis dans toute son étendue, et qu'on ne veut faire aucune entaille dans le bord.

Dans le cours des expériences, on a remarqué que la brague s'usait vers son milieu par le frottement qu'elle éprouvait contre les arêtes vives que présentait le demi-anneau de la caronade. On a remédié à cet inconvénient en enveloppant de vieux filin cette partie de la brague.

Du reste, après ces 15 coups, les 3 bragues paraissaient en bon état.

Les 6 coups qui ont ensuite été tirés avec chaque caronade étaient à deux boulets : les deux premiers en belle, les deux suivants en chasse, les deux derniers en retraite.

Dans le tir en chasse, de même que dans le tir en retraite, le plan de tir faisait avec la perpendiculaire à la muraille un angle de 10° (programme du 28 mars 1840).

Les crampes examinées après ce tir n'avaient pas éprouvé d'altération sensible. Leur brague avait une longueur de $2^m,59$, mais elle paraissait en bon état.

Quant aux pitons, leurs tiges étaient rentrées et leurs jouets (ou plaques d'appui des clavettes) avaient pris une légère courbure dont la concavité était tournée vers la mer. Par suite, les fourches s'étaient avancées d'environ $0^m,015$ vers l'intérieur de la batterie, et leurs gorges n'étaient plus qu'en partie logées dans le bord.

On a remarqué de plus que le changement de la direction du tir faisait subir aux pitons un certain mouvement de rotation.

Après le 4ᵉ coup à 2 boulets, la brague du piton modifié s'est trouvée avoir un toron rompu à l'épissure de droite ; cependant on ne l'a pas remplacée.

La brague du piton non modifié a résisté aux 6 coups ; seulement, après le second coup, on a observé la rupture de quelques fils de caret dans la partie en contact avec le demi-anneau de la caronade.

DEUXIÈME SÉRIE D'EXPÉRIENCES.

Matinée du 27 août.

Tir à couler bas.

L'axe de la pièce était incliné de 4° au-dessous de l'horizon ; 21 coups ont été tirés de cette manière; les 15 premiers à 1 boulet, savoir : 5 en belle, 5 en chasse, 5 en retraite (ces expressions ont été expliquées dans la première série d'expériences).

Les trois bragues étaient neuves, et elles n'ont pas paru souffrir pendant le tir de ces 15 coups.

Les 6 coups suivants étaient à 2 boulets : 2 en belle, 2 en chasse, 2 en retraite. (Voyez la première série d'expériences.)

Au 1er coup à deux boulets la brague des pitons modifiés a eu un toron rompu.

Au second coup le même accident est arrivé à la brague des pitons non modifiés.

Celle des crampes ne paraissait pas encore avoir souffert. Cependant, afin que les trois espèces de ferrements fussent soumises aux mêmes tractions, on a changé à la fois les trois bragues.

De ces trois nouvelles bragues, celles des crampes et des pitons non modifiés n'ont éprouvé aucun accident ; mais la brague des pitons modifiés a eu un toron rompu dès le second coup qu'elle a eu à supporter ; on a pu cependant la faire servir à un troisième ; mais, pour le dernier coup à 2 boulets, on l'a remplacée par la brague enlevée précédemment aux pitons non modifiés et dont un toron était rompu.

Dans le tir à 2 boulets en chasse ou en retraite, la grande branche de la crampe a éprouvé un léger mouvement ; la petite branche a paru invariable.

Les pitons ont donné lieu aux mêmes observations que dans la première série d'expériences, seulement les effets étaient plus sensibles.

TROISIÈME SÉRIE D'EXPÉRIENCES.

Soirée du 27 août.

Tir à démâter.

Ce tir n'a différé des deux précédents que par l'inclinaison des axes des pièces, qui étaient de 12° au-dessus de l'horizon.

On a conservé aux crampes et aux pitons non modifiés les bragues avec lesquelles on avait tiré les 4 derniers coups de la série précédente. La brague des pitons modifiés était neuve.

Les crampes n'ont donné lieu à aucune observation nouvelle; leur brague a eu quelques fils de caret rompus au 9e coup à 1 boulet. Cet accident, occasionné par le frottement du demi-anneau de la caronade, n'a pas eu d'influence sur sa durée; car à la fin du tir elle était susceptible encore d'un bon service : son allongement était de $0^{m},12$.

La brague neuve des pitons modifiés a parfaitement résisté au tir; elle a subi un allongement de $0^{m},11$.

Quant à la brague des pitons non modifiés, elle a eu un toron rompu près de l'épissure de droite, au 4e coup à 2 boulets (le 2e en chasse); cependant on a pu s'en servir pour achever le tir.

Après ce tir, la rentrée des fourches dans l'intérieur de la batterie était d'environ $0^{m},025$.

QUATRIÈME SÉRIE D'EXPÉRIENCES.

28 août.

Chaque caronade a subi l'épreuve de 20 coups à 2 boulets.

La ligne de mire naturelle était constamment horizontale; mais la directrice du tir était changée après 2 coups. Ainsi les 2 premiers coups étaient pointés en belle, le 3e et le 4e en chasse (10° à gauche); les 2 suivants en retraite (10° à droite), ainsi de suite.

Les crampes et les pitons modifiés avaient conservé les bragues avec lesquelles avaient été faites les expériences de la 3e série.

Au 19e coup, un toron de la brague des crampes s'est rompu dans le voisinage du demi-anneau de la caronade. La brague n'a pas été remplacée.

Celle des pitons modifiés a eu un toron rompu au 4e coup; néanmoins on ne l'a remplacée qu'après le 6e. Cette nouvelle brague, qui était neuve, a éprouvé le même accident après 3 coups; elle a pu cependant en supporter 5 autres, à la suite desquels le second toron s'est rompu. La caronade avait encore 3 coups à tirer: on s'est servi d'une des bragues employées dans les expériences antérieures, et dont un toron était brisé; après le 3e coup, la rupture de cette brague était complète.

La brague du piton non modifié était neuve; quelques fils de caret ont été trouvés rompus à l'épissure de droite, après le 4e coup (le 2e en chasse); mais aucun autre accident ne s'est manifesté, et, après le tir, la brague paraissait en bon état.

La rentrée des fourches était à peu près la même qu'avant l'expérience.

On a pu remarquer que, dans le tir en chasse et en retraite, les positions des pitons variaient avec la direction de la bouche à feu.

CINQUIÈME SÉRIE D'EXPÉRIENCES.

31 août.

Dans ces dernières expériences, comme dans les précédentes, tous les coups étaient à 2 boulets. On a fait varier à la fois l'inclinaison et la direction des pièces.

Pointées d'abord à couler bas, les caronades avaient ensuite leurs lignes de mire horizontales ; puis on revenait au tir à couler bas, etc. Ces changements d'inclinaison avaient lieu après 4 coups. Ceux de direction s'opéraient après 2 coups; les caronades étaient tour à tour pointées en chasse et en retraite. Au commencement de ce tir toutes les bragues étaient neuves.

Au 2e coup, un des torons de la brague des crampes a eu 15 fils de caret rompus; au 4e coup, ce toron a été entièrement coupé. Une seconde brague qui était neuve a été rompue après avoir subi l'épreuve de 17 coups.

La grande branche de chaque crampe s'était avancée vers l'intérieur de la batterie, d'environ 0^{m},01. La partie du jouet sur laquelle s'appuyait sa clavette s'était encastrée dans le bordage.

La brague des pitons modifiés a eu un toron rompu au 9e coup; une nouvelle brague, également neuve, n'a supporté que 3 coups.

Deux bragues neuves, mises successivement aux pitons non modifiés, ont supporté chacune 5 coups.

Les mouvements latéraux des pitons ont été plus prononcés. Quant à leur rentrée dans l'intérieur, elle ne s'était pas accrue d'une manière bien sensible.

Il est à remarquer que cette rentrée n'était pas la même dans toute la hauteur des fourches; elle était de $0^m,02$ environ dans les parties inférieures, et de $0^m,03$ dans les parties supérieures.

Les clavettes paraissaient refoulées par suite des tractions qu'elles avaient supportées.

RÉSUMÉ GÉNÉRAL DES EXPÉRIENCES.

Nombre de coups à un boulet supportés par chacun des ferrements.

	EN BELLE.	EN CHASSE.	EN RETRAITE.
Ligne de mire horizontale.	5	5	5
Pointage à couler bas. . .	5	5	5
Id. à démâter.	5	5	5
Totaux.	15	15	15
Total. . .	45		

Nombre de coups à deux boulets supportés par les crampes.

	EN BELLE.	EN CHASSE.	EN RETRAITE.
Ligne de mire horizontale.	10	12	13
Pointage à couler bas. . .	2	8	8
Id. à démater.	2	2	2
Totaux.	14	22	23
Total. . .		59.	

Nombre de coups à deux boulets supportés par les pitons modifiés.

	EN BELLE.	EN CHASSE.	EN RETRAITE.
Ligne de mire horizontale.	10	10	10
Pointage à couler bas. . .	2	6	6
Id. à démater.	2	2	2
Totaux.	14	18	18
Total. . .		50	

Nombre de coups à deux boulets supportés par les pitons non modifiés.

	EN BELLE.	EN CHASSE.	EN RETRAITE.
Ligne de mire horizontale.	10	10	10
Pointage à couler bas. . .	2	6	4
Id. à démâter.	2	2	2
Totaux.	14	18	16
Total. . . .		48	

EXAMEN DES FERREMENTS APRÈS LE TIR.

Les expériences étant terminées, les ferrements ont été retirés de la muraille et examinés par la commission.

1° Crampes et manilles.

Aucune altération ou déformation sensible ; léger refoulement de métal au contact de la manille et de la crampe : on remarquait en cet endroit, sur le fer, un sillon d'environ 0^m,03 de profondeur.

Le jouet, les clavettes et les boulons n'offraient aucune altération.

2° Pitons non modifiés.

Aucune altération sensible ; léger refoulement de métal au contact du boulon et des branches de la fourche.

Le jouet avait pris une courbure dont la flèche était de

$0^m,004$ à $0^m,005$, et dont la convexité était tournée vers l'intérieur de la batterie.

Les clavettes portaient les traces des efforts qu'elles avaient supportés.

3° Pitons modifiés.

Les deux pitons avaient pris une courbure dont la concavité était tournée vers le pont, et dont la flèche était d'environ 0^m005.

L'un d'eux, celui de droite, n'avait pas d'autre altération ; l'autre présentait trois légères fentes, deux longitudinales, situées vers les milieux des petits côtés de la mortaise, et une transversale à la sortie de la muraille du côté de la mer.

Les clavettes et jouets étaient dans le même état que ceux des pitons non modifiés.

CONCLUSIONS.

On peut conclure de ce qui précède, que les trois genres de ferrements offrent les garanties que l'on peut désirer dans la pratique.

Mais la résistance des crampes est au moins égale à celle des pitons ; elles n'ont point éprouvé la moindre altération dans le cours des expériences. Un tir très-prolongé peut, sans doute, produire un léger allongement des branches, les jouets peuvent s'encastrer un peu dans le bordage, mais alors chaque branche remplit toujours exactement son logement, et ces effets sont à peu près inappréciables.

Il n'en est pas de même des pitons ; leur rentrée, faisant

sortir de son logement la gorge de la fourche, met à découvert dans la muraille un vide qui produit à la vue un effet désagréable, et qui peut faire naître des inquiétudes sur la solidité du ferrement. Cette rentrée des fourches s'est élevée, dans les expériences, jusqu'à $0^{m},03$ dans leurs parties supérieures ; en outre, les pitons s'inclinent à droite ou à gauche, se lèvent ou s'abaissent, et même viennent à tourner, suivant l'inclinaison et la direction du tir.

Si l'on ajoute à cela que la confection des crampes est bien plus facile et moins coûteuse que celle des pitons, et qu'elle peut être exécutée dans tous les ports, tandis que, jusqu'à présent, les pitons n'ont pu être confectionnés que dans certaines forges, on n'hésitera pas à donner la préférence aux crampes.

Par ces motifs, la commission a été amenée à faire les propositions suivantes :

1° Désormais toutes les bragues fixes seront installées sur des crampes ;

2° On se conformera, pour l'exécution des crampes et des manilles, aux dessins annexés au présent rapport;

3° Cependant les pitons seront conservés sur tous les bâtiments où ils existent.

OBSERVATIONS RELATIVES AUX BRAGUES.

Nombre de coups supportés par les bragues de la caronade à crampes.

NUMÉRO des bragues.	COUPS à 1 boulet.	COUPS à 2 boulets.	
1	15	6	La brague était restée intacte.
2	15	2	Idem.
3	15	29	Un toron a été rompu.
4	»	4	Idem.
5	»	17	Idem.
	45	58	

Nombre de coups supportés par les bragues de la caronade à pitons modifiés.

NUMÉRO des bragues.	COUPS à 1 boulet.	COUPS à 2 boulets.	
1	15	4	Un toron a été rompu.
2	15	1	Idem.
3	»	2	Idem.
4	15	10	Idem.
5	»	5	Idem.
6	»	9	Idem.
7	»	3	Deux torons ont été rompus.
	45	34	

Nombre de coups supportés par les bragues de la caronade à pitons non modifiés.

NUMÉRO des bragues.	COUPS à 1 boulet.	COUPS à 2 boulets.	
1	15	6	La brague était encore intacte.
2	15	2	Un toron a été rompu.
3	15	8	Idem.
4	»	20	La brague était encore intacte.
5	»	5	Deux torons ont été rompus.
6	»	5	Un toron a été rompu.
	45	46	

Dans ce tableau ne sont point compris les coups pour lesquels on a fait usage de brague dont un toron avait déjà été rompu.

On voit combien la résistance des bragues est variable, et combien devraient être nombreuses des expériences entreprises dans le but d'avoir des notions un peu exactes sur leur durée moyenne.

Cependant on ne peut s'empêcher de reconnaître que l'installation sur crampes semble plus favorable à la conservation des bragues.

En effet, en considérant comme hors de service les bragues demeurées intactes après le tir, la durée moyenne des bragues à crampe se trouve représentée par 9 coups à 1 boulet et 11 coups à 2 boulets, tandis que celle des bragues à pitons l'est par 7 coups à 1 boulet et 7, 2 à 2 boulets; cependant les crampes, n'ayant eu que 2 bragues rompues sur 5, cette manière de compter leur est évidemment défavorable.

Coin de M. Dupouy.

Ce coin est quelquefois chassé de l'affût dans le tir à 2 boulets en chasse ou en retraite.

On peut remarquer qu'alors il n'est pas maintenu par la brague.

Port-Louis, le 20 septembre 1840.

Les membres de la commission,

THOMOEUF, VALLEREY, BRUN, BOURGUIGNON, HÉLIE, MARTIN, C. LAURENT, A. DE SAINT-SIMON, ZÉNI.

Ouvrages nouveaux en vente.

Capitulation de Dantzig, traduit de l'allemand, de Plotho, par P. Himly, avec observations critiques par le général baron de Richemont, directeur de fortifications et commandant du génie pendant la défense de la place. In-8°. 2 fr. 75 c.

Des places de guerre, par le lieutenant général d'artillerie vicomte Tirlet, pair de France. In-8. 2 fr.

Dictionnaire de l'armée de terre, par le général baron Bardin. 1re partie. grand in-8°. 7 fr.

Documents relatifs à l'emploi de l'électricité pour mettre le feu aux fourneaux des mines. In-8° avec planches. 3 fr.

Examen du système d'artillerie de campagne de M. le lieutenant général Allix. In-8°. 2 fr.

Expériences d'Artillerie exécutées à Gavre par ordre du Ministre de la marine pendant les années 1830, 1831, 1832, 1834, 1835, 1836, 1837, 1838 et 1840. 1 vol. in-4 avec planches. 10 fr.

Leçons sur la théorie de l'artillerie; destinées aux officiers de toutes armes; par le lieutenant-colonel de Breithaupt; traduites de l'allemand par le général Ravichio baron de Peretsdorf. In-8 avec pl. 7 fr. 50 c.

Mémoires inédits du maréchal de Vauban, sur les places de Luxembourg et Landau, et projet d'ordre et de précautions à prendre contre un bombardement, suivis du journal du siége de Landau soutenu par les Français en 1704. Documents tirés des manuscrits des ingénieurs Hüe de Caligny, siècles de Louis XIV et de Louis XV; précédés d'une notice historique sur les ingénieurs Hüe de Caligny; par M. Augoyat, lieut.-colonel du génie. In-8. 7 fr. 50 c.

Notice sur la défense des côtes maritimes de France, par M. Laboria, capitaine d'artillerie de la marine. In-8°. 2 fr. 75 c.

Nouveau système de défense des places fortes, par M. Favé, capitaine d'artillerie, ancien élève de l'école polytechnique. 1 vol. in-8. 12 fr.

Observations sur l'administration des corps, par le lieutenant général Preval. In-8. 2 fr. 75 c.

Tables du Tir des bouches à feu de l'artillerie navale, déduites des expériences de Gavre et publiées par ordre du Ministre de la marine. In-8. 75 c.

Traité sur l'artillerie, par Scharnhorst. 4e livraison. 5 fr. 75 c.

SOUS PRESSE:

Mémoires du général Preval,
1° sur l'avancement militaire et les matières qui s'y rapportent;
2° sur la cavalerie;
3° sur l'organisation et le service des armées en campagne;
4° sur les armées de la république et de l'empire comparées sous les divers rapports de leur composition, de leur organisation, de leur esprit, de leur système de guerre, etc. Causes générales et particulières, militaires et politiques, de leurs succès et de leurs revers.

SAINT-CLOUD. — IMPRIMERIE DE BELIN-MANDAR.

www.ingramcontent.com/pod-product-compliance
Ingram Content Group UK Ltd.
Pitfield, Milton Keynes, MK11 3LW, UK
UKHW020347250726
13967UKWH00005B/2158

9 782013 057417